なぜ？から調べる
ごみと環境

2

まちの中のごみ

監修 **森口祐一**
東京大学教授

この本を読むみなさんへ

みなさんの中には、何かのきっかけで、ごみについてもっと知りたいと思い、

この本に出会った人もいるかもしれません。

多くのみなさんは、社会科でごみについて学ぶことになり、

この本に出会ったことと思います。

「社会」は、人びとが集まって生活することでつくられます。

毎日の生活でさまざまなものが使われ、やがていらなくなって、ごみになります。

ごみを捨ててしまえば、自分の身の周りはきれいになりますが、

環境をきれいに保つためには、

ごみの行く先でも、さまざまな工夫が必要です。

暮らしやすい社会をつくるためには、

ふだんみなさんの目にはふれないところでどんなことが行われているかを知り、

自分で何かできることがないかを学ぶことが大切です。

ごみは社会の姿を映す鏡のようなものです。

ごみについて学ぶことで、

一人ひとりの生活と社会との関わりに気づくことにもなるでしょう。

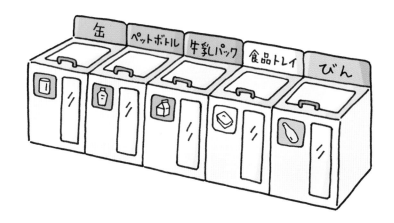

第2巻

「まちの中のごみ」では、ごみが自分の家からだけでなく、

食べることを始め、まちでの生活の中で、

自分の家以外のさまざまな場所でごみが出ていることを学びます。

世界には食べものが十分に得られない人がいるなかで、

食べられるものがごみになってしまうことを防ぐことへの関心が高まっています。

お店、学校、工場など、まちの中のあらゆるところからごみが出てくること、

それらの中には家から出るごみとは全く違うものもあり、

集めるしくみも違うことを学びます。

森口祐一

東京大学大学院工学系研究科都市工学専攻教授。
国立環境研究所理事。専門は環境システム学・都市
環境工学。主な公職として、日本学術会議連携会
員、中央環境審議会臨時委員、日本LCA学会会長。

2 まちの中のごみ

1章

まちにはどんな ごみがあるの？

2章

まちのごみを調査！

3章
まちでの取り組みを見てみよう

この本の使い方 ·····································

この本に登場するキャラクター

探偵ダン

ごみの山から生まれた探偵。ごみと環境の課題の解決に向けて、日々ごみの調査をしている。

調査員クロ

探偵ダンの助手。ダンが気になった疑問を一生懸命調査してくれる努力家。

調査員トラ

ごみのことにくわしいもの知りのネコ。ダンにいろいろな情報をアドバイスしてくれる。

この本の使い方

1章 ごみにまつわる写真を載せているよ。写真を見ながら、ごみが環境にあたえる影響について考えてみよう。

2章 ごみのゆくえを、イラストで解説しているよ。どんな流れでごみが処理されるのか見てみよう。

3章 ごみについての取り組みや対策を紹介しているよ。実際に行われている取り組みを調べて、環境のために自分たちができることを考えてみよう。

1章

まちにはどんな
ごみがあるの？

まちのごみは、
環境にどんな影響を
あたえるのかな？
写真を見ながら考えてみよう。

高速道路のパーキングエリアに設置されたごみ箱。パーキングエリアには、全国からたくさんの人が訪れると同時に、捨てられるごみの量も多い。

人が集まる場所には
こんなにごみが
たまるんだね！

まちには、どんなごみがあるの？

まちには、さまざまな店や商業施設、公園や駅などの公共施設があるけれど、いったいどんなごみが出ているのだろう？

まちから出るごみの種類はたくさん！

「まちにあるごみ」と聞いて、何が思いうかびますか？　道路のごみ？　コンビニエンスストアのごみ箱？　なかには「ごみなんか見当たらない」という人もいるかもしれません。でも、公園やショッピングモール、イベント会場など、たくさんの人が集まる場所で、ごみ箱にごみがあふれるのを見かけることがあります。

また、まちにあるごみは、それだけではありません。学校や店、病院、会社や工場など、まちのあらゆるところから、ごみは毎日出されています。家庭で出るごみと同じようなものもあれば、病院なら治療に使った器具、工場ならものをつくるときに出る余りものなど、種類はさまざま。街路樹の落ち葉や川に落ちたものなども、まちのごみのひとつです。

● たくさんの人が使う場所のごみ、どうしたらいい？

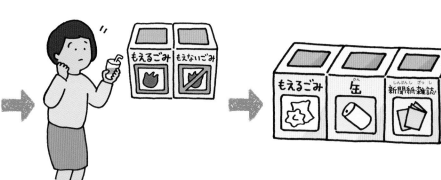

地域で分別ルールがちがう

地域によって分別のルールやごみ箱の表示が異なることがあるので、人が多い場所で分別のルールを守るのが難しい。

わかりやすい分別ラベル

イラストや記号を使った分別ラベルをつくってごみ箱にはりつければ、ルールがみんなに伝わりやすくなる。

まちのごみは、どうなるの？

人がたくさん集まる店や施設から出たごみは、どう処理されるんだろう？
回収や処理は、だれが行っているのかも気になるね。

店や会社などのごみは、事業者が処理するのが原則

さまざまな店や学校、会社から出されるごみは、それぞれの事業者が処理するのが原則とされていますが、「事業系一般廃棄物」は市区町村が処理することがあります。ただし、家庭ごみと同じ集積所に出すことはできません。

また、「産業廃棄物」は、廃棄物の収集運搬・処理の許可を受けた業者に依頼し、有料で収集や処理をしてもらいます。

⇨ くわしくはP28-32を見てね

● 処理が難しいごみ

病気が感染するおそれがあるごみや、個人情報などの重要なことが書かれたごみなど、
処理するときに注意が必要なごみもある。

病院から出る
ごみの例

注射器

防護服や
マスク、手袋

会社から出る
ごみの例

個人情報が書かれた書類

⇨ くわしくはP18を見てね

アメリカ・サンフランシスコで行われたフードフェスティバルの後に残ったテーブル上のごみ。食事をするだけで、これほどたくさんのごみが出ることがわかる。

ぎもん
4

なぜ、食べられるものを
捨てたらいけないの？

いちばん多いのは、どんなごみ？

まちからたくさんのごみが出ることはわかったけれど、
どんなごみが多いのかな？

食べものに関するごみが
増えている！

事業系一般廃棄物は1年間で1,304万トン（2018年度）出ています。その中でも多いのが紙ごみ、そして調理くず（食べられない部分）や食べ残しなどの食べものに関するごみ（食品廃棄物）です。紙ごみは再利用されることが多いのですが、食品廃棄物はむだが多く、問題になっています。

食品廃棄物には、調理くずだけでなく、食べ残しや売れ残りなど、まだ食べられるのに捨てられるものもあります。もったいないと感じるかもしれませんが、実際に食べられるのに捨てられてしまうごみが日本全体で612万トン（2017年度）も発生しているのです。

● 事業系一般廃棄物　可燃ごみの中身（京都市）

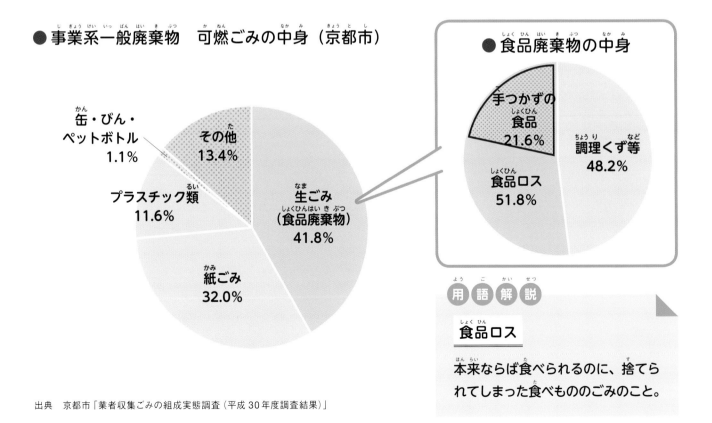

缶・びん・ペットボトル 1.1%
その他 13.4%
プラスチック類 11.6%
生ごみ（食品廃棄物）41.8%
紙ごみ 32.0%

● 食品廃棄物の中身

手つかずの食品 21.6%
調理くず等 48.2%
食品ロス 51.8%

用語解説

食品ロス

本来ならば食べられるのに、捨てられてしまった食べもののごみのこと。

出典　京都市「業者収集ごみの組成実態調査（平成30年度調査結果）」

食べられるのに捨てられた食品は毎日1万7,000トンもある!

　食べられるのに捨てられてしまう食品は、日本全体で毎日約1万7,000トンもあります。日本人一人ひとりが、毎日お茶わん1杯分の食べものを捨てていることになります。なぜこんなにたくさんの食べものが捨てられてしまうのでしょうか。

　ふだんの生活の中で、きらいな食べものを残したり、消費期限が切れてしまったものを捨てたりすることはありませんか? それらすべてがむだに捨てられる食品になってしまいます。

　また、まちの中のごみを見てみると、レストランでの食べ残し、食料品をあつかうスーパーマーケットやコンビニエンスストアでの売れ残りが多く見られます。これは、いつでも食べたいものが買えるよう、多めに商品が用意されているからです。また、流通上のむだをなくし、見た目がきれいなものを売るために、形や大きさが規格に合わないもの、傷がついたものなどは捨てられてしまいます。このように、今の日本の便利な生活は、結果としてたくさんのもったいない食べものを生み出してしまっているのです。

環境メモ

1年に出た食べものに関するごみの量 約2,550万トン

家庭から
約783万トン

食べられるのに
捨てた量
約284万トン

スーパーやレストランなどから
約329万トン

食べられるのに
捨てた量
約191万トン

工場などから
約1,438万トン

食べられるのに
捨てた量
約137万トン

出典 農林水産省及び環境省「平成29年度推計値」

なぜ、食べられるものを捨てたらいけないの?

いらなくなったら、食べものはごみになってしまう。
食べものをそんなかんたんに捨ててもいいの?

世界には、食べものがなくて苦しんでいる人がたくさんいる!

日本ではいろいろな食べものが手に入りますが、忘れてはいけないのが、食べものは無限にあるわけではないということ。食べものも限りある資源のひとつであり、世界中で平等に分けなければならないものです。

それなのに、食べものが余っている国があれば、食べものがなくて苦しんでいる国もあります。今、世界ではすべての人が十分食べられるだけの食料は日々生産されています。2020年から2021年度に

かけての穀物需給量(予測)を見ると、消費量が27.1億トンに対し、生産量が27.3億トンと上回っています(農林水産省「穀物(コメ、とうもろこし、小麦、大麦等)の需給の推移」)。食べものが余っている国で無意味に捨てられる食料が減れば、その分苦しんでいる国に届きやすくなるかもしれません。

日本は海外から多くの食べものを輸入し、余らせています。一人ひとりがむだを出さない努力が必要です。

● まだ食べられるのに捨てた理由

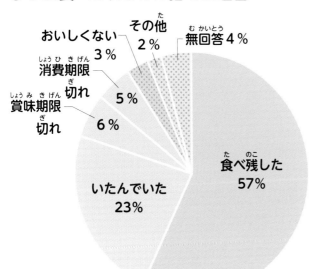

おいしくない 3%
その他 2%
無回答 4%
消費期限切れ 5%
賞味期限切れ 6%
食べ残した 57%
いたんでいた 23%

用語解説

食品ロス削減推進法

2019年、食べられるのに捨てられる食品、つまり食べもののむだを減らすために施行された法律。食品ロスに対する社会的な方向性や基本的な活動内容などが盛りこまれている。

出典 消費者庁「平成29年度徳島県における食品ロス削減に関する実証事業の結果の概要(ポイント)」

環境メモ

フード・マイレージって
何だろう?

「食料の輸送量×食料を運ぶためにかかる距離」のこと

食料が生産されてから店に並ぶまでには、車、船、飛行機など、さまざまな輸送手段がとられますが、どの場合でもエネルギーが使われ、二酸化炭素が排出されます。輸送にともなうエネルギーや二酸化炭素を削減することは環境保護につながるため、なるべく近いところから食材を仕入れようと意識されるようになりま

した。その指標となるのが、「食料の輸送量×運ぶ距離」を表したフード・マイレージです。

フード・マイレージが高いほど環境にはよくないということですが、食料の約60パーセントを輸入に頼っている日本は、フード・マイレージが世界の中でもとくに高い国。食材選びにはフード・マイレージも意識していきたいですね。

● 国別一人当たりのフード・マイレージ (2001年)

日本は7,093トン・キロメートルと、1人当たりのフード・マイレージがいちばん高い。2010年には6,770トン・キロメートルと低くなったものの、それでもほかの国より高い。

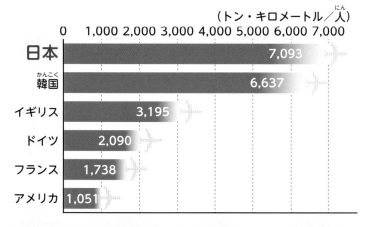

（トン・キロメートル／人）

日本	7,093
韓国	6,637
イギリス	3,195
ドイツ	2,090
フランス	1,738
アメリカ	1,051

出典 中田哲也「食料の総輸入量・距離（フード・マイレージ）とその環境に及ぼす負荷に関する考察」農林水産政策研究 No.5)

国産、地元産のものを選べば、新鮮でおいしく、環境にもやさしいってことだね!

ごみからヒミツが ばれちゃう!?

名前や住所などの大切なことが書いてある個人情報は、悪用されてしまうことがあるよ。どのように処分するのか見てみよう。

大事な情報が記されたごみは、箱に入れたまま溶かす

自分またはほかの人の個人情報が記されたごみは、情報がもれないよう責任をもって処分しなくてはいけません。これまでは情報部分をぬりつぶす、紙をシュレッダーで細かく切るという方法がありました。

最近では、大事な情報が記されたごみを箱に入れて、まるごと溶かしてしまうというサービスもあります。箱は開封されることなく溶かすので、中を見られることも復元される可能性もありません。とても安全な処理として注目されています。

回収の流れ

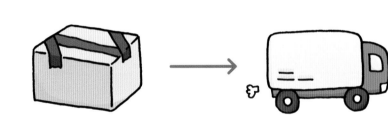

回収

不要になった書類などを箱につめ、業者にわたす。箱につめる際、ホチキスやクリップを外す必要がないので楽。

運ぱん

書類の入った箱は、しっかりとしたセキュリティのもと、溶解工場まで運ばれる。なかにはGPSをつけたものもある。

溶解・リサイクル

工場で箱ごと完全に溶かされ、溶解された資源は、トイレットペーパーなどにリサイクルされる。

まとめ

名前や住所が記された郵便物、公共料金の領収書、クレジットカードの明細書など、ごみの中には個人情報がいっぱい！　家でごみを捨てるときにも気をつけなくちゃね。

2章

まちのごみを調査！

まちのごみは、
どんなところから出て、
どこへ行くのかな？
ごみの流れを追ってみよう。

現場調査 ❶

どこからどんなごみが出るの？

このページでは、まちのどこからどんなごみが出てくるのか見てみるよ。

建築現場

コンクリート片、木材、プラスチック、石こうボード、金属くずなど。

スーパーマーケット

➡ くわしくは P22 を見てね

保育園・幼稚園

紙おむつ、紙くず、調理くず、使えなくなった遊具など。

工場

木くず、金属くず、繊維くず、調理くず、廃油など。

牧場

畜産業で出る牛、馬、ぶた、やぎ、にわとりなどの動物のふん尿や死体など。

学校

➡ くわしくは P23 を見てね

農地

蓄苗ポットなどのプラスチック類、廃農薬、ビニールハウスの廃材など。

病院

使い終わった注射器、防護服、マスク、ゴム手袋、点滴など。

スーパーマーケットで

そうざいの調理場
調理くず、あげものの油、そうざいの容器、ゴム手袋など。

魚や肉の加工室
魚のあら、肉のすじや骨、調理くず、ゴム手袋など。

野菜売り場
売れ残り、野菜の葉など。

袋づめコーナー
レシートなどの紙くずなど。

イートインスペース
食べ残し、お弁当やパンのプラスチック製容器包装など。

学校で

教室
紙くず、使えなくなった文具、ほこりなど。

給食室
調理くず、あげものの油、食べ残しなど。

体育館
使えなくなったボールやマットなどの運動器具など。

図工室
紙くず、木くず、使えなくなった筆や工作用具など。

校庭
落ち葉、雑草など。

ごみ収集の流れ

店や会社、学校などから出るごみ（事業系一般廃棄物）は、
どうやって収集されるのかな？

許可をもらった業者が
回収するんだって！

ごみが出る

事業を行ううえで出た書類や調理くず、
従業員が飲食をして出たごみなどを分別し
てまとめ、許可業者に収集を依頼します。

分別のルールはそれぞれの
地域や業者によって
ちがうみたい

集積所に出す

指定の袋に入れ（地域によっては指定の
シールをはる）、決められた集積所に出す。
※事業所の敷地内に集積所がある場合が多い。

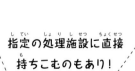

指定の処理施設に直接
持ちこむのもあり！

清掃工場や処理施設へ

　ごみを集めたら、清掃工場や処理施設に運びます。

⇨ くわしくは 3巻 4巻 を見てね

ほかの店や会社のごみを集める

　順番に、指定の集積所を回ってごみを回収していきます。

1日がかりでごみを集めるよ!

ごみ収集車が回収する

　会社や店から依頼された業者が、収集車でごみを回収します。一部の地域では少量のごみなら市区町村が回収する場合もあります。

産業廃棄物の収集の流れ

あつかいが特別な産業廃棄物は、どこにいくんだろう？

ごみが出る

廃プラスチック類や燃えがらなど、指定されている産業廃棄物の品目ごとに分別し、専門の業者に回収依頼をします。

産業廃棄物は、特別な処理が必要だよ

⇨ くわしくは
P30-31を見てね

許可業者が収集する

産業廃棄物は、外へ飛び散ったり流出したりすると危険なので、各都道府県から許可された収集運ぱん業者のみが運ぶことができます。

中間処理

大きなごみは粉さいや焼却などで細かくしたり、有害なものを無害化したりするなど、加工されます。

用語解説

産業廃棄物管理票制度

不法投棄防止や排出業者の責任を明確にする制度。排出業者は産業廃棄物の処理を行う際に、廃棄物の名称や運ぱん業者名、処分業者名などを記した管理票を交付し、処理工程が確認できるようにする。

処理施設や
リサイクル施設へ

資源として利用できるものはリサイクル施設へ。それ以外のものは、最終処分場でうめ立てをします。

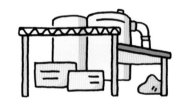

牛乳パックの店頭回収の流れ

ペットボトルや食品トレイも同じような流れだよ

スーパーマーケットなどで回収されている牛乳パック。回収された後は、どうなるんだろう？

店で回収する

牛乳パックは、スーパーマーケットなどに回収ボックスが設置されています。自治体、市民団体などで集団回収しているところも。回収した牛乳パックは、古紙問屋などが引き取ります。

保管・分別する

古紙問屋や回収業者に引き取られた牛乳パックは選別して圧縮し、再生紙メーカーへ。

再生紙メーカーへ

内側のラミネート部分を取り除き、紙部分を溶解して、トイレットペーパーなどに生まれ変わります。

ごみクイズ ❓ ❓

再生紙使用のトイレットペーパーを1巻つくるのに、1000ミリリットルの牛乳パックは何枚必要？

➡答えは **28ページ**へ

ごみの種類を見てみよう

家庭ごみと同じように、事業者から出るごみも
種類によってあつかい方が異なるよ。

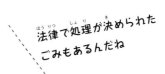
法律で処理が決められた
ごみもあるんだね

店や会社、工場などから
出る事業系廃棄物

店や会社、工場などから出るごみを「事業系廃棄物」といいます。事業系
廃棄物の中には、あつかいに注意しないと環境や人体に悪影響をあたえかね
ないごみもあるため、大きく3種類に分けられています。

事業系
一般廃棄物

会社から出る紙くずや
飲食店から出る食べ残
し、従業員が出すごみな
ど、家庭ごみと同じよう
に処理できるものは事業
系一般廃棄物とされる。

⇨ くわしくはP29を見てね

産業廃棄物

おもに、工業や農業か
ら出てくるごみ。人体や
環境に悪影響をおよぼす
可能性があるため、排出
した会社や店（事業者）
が最後まで責任をもって
処理することが義務付け
られている。

⇨ くわしくはP30を見てね

特別管理
産業廃棄物

廃棄物のなかでも有害
なものや爆発性のもの、
病気の感染性があるもの
など。とくに厳重な処理
が必要とされるものが指
定されている。

⇨ くわしくはP32を見てね

**27ページの
ごみクイズ
答え**　答えは、6枚。1000ミリリットルの牛乳パック6枚が、65メートルほどのトイレットペーパー1
巻に生まれ変わるよ。

事業系一般廃棄物は分別して回収する

事業系のごみは
ほとんどが有料だよ

産業廃棄物、特別管理産業廃棄物以外のごみすべてが事業系一般廃棄物になります。
可燃ごみ以外にも不燃ごみや資源ごみ、粗大ごみなどがふくまれるので、
分別したうえで回収してもらいます。

資源ごみ

新聞紙・雑誌・段ボールなどの古紙類、缶やびん、ペットボトル、プラスチック包装容器など。廃棄物処理業者またはリサイクル業者に回収を依頼する。

可燃ごみ

食べ残しなどの生ごみ、よごれた紙などリサイクルできない紙くず、割りばしなど。廃棄物処理業者に依頼するか、市区町村の焼却施設へ持ちこむ。

不燃ごみ

なべ・フライパンなどの金属類、食器や花びんなどの陶磁器くず、ガラスくずなど。廃棄物処理業者に依頼する。

その他

小型家電や電池などは、粗大ごみと同じように廃棄物処理業者に依頼する。パソコンなどは、機密書類専門の回収処理業者に依頼する。

粗大ごみ

本だなや机などのサイズが大きいもの。廃棄物処理業者に依頼する。トラック1台をチャーターすることもある。

1年で約4億トン排出される
産業廃棄物

事業活動によって出たごみのうち、法令で決められた20種類（右ページ）が産業廃棄物とされています。日本で排出されているごみの約9割が産業廃棄物にあたり、その量は1年で約4億トン（2017年）にもなります。

産業廃棄物は、一般廃棄物と同じように「廃棄物処理法」という法律によって、それぞれ処分する手順が決められています。処理の方法は、最終処分場でうめ立て処分をするか、リサイクル施設で再生利用するかのどちらかになります。できるだけリサイクルできるシステムが考えられていて、現時点での再利用量は約50パーセント。年々リサイクル率は上がっていますが、まだまだ改善の余地はありそうです。

⇨ 「廃棄物処理法」は [1巻] P26を見てね

● 業種別　産業廃棄物の排出量

	排出した業種	排出量
1	電気・ガス・熱供給・水道業	約1億200万トン
2	建設業	約7,871万トン
3	農業・林業	約7,832万トン
4	パルプ・紙・紙加工品製造業	約3,363万トン
5	鉄鋼業	約2,717万トン

出典　環境省「産業廃棄物の排出及び処理状況等（平成29年度実績）」

みんなの生活を支えるためにこんなにごみが出るんだ！

● 産業廃棄物の処理状況

	処理の方法	処理量	処理割合
1	リサイクルされた量	約2億22万トン	52.2%
2	減量化された量	約1億7,363万トン	45.3%
3	最終処分をした量	約970万トン	2.5%

出典　環境省「産業廃棄物の排出及び処理状況等（平成29年度実績）」

リサイクル率を100パーセントにするにはどうしたらいいんだろう

法令で決められた 20 種類の産業廃棄物

燃えがら
燃やした後に残る灰や石炭がら、すすなど。

汚泥
下水処理や製造業、建設現場などで出る泥。

廃油
エンジン油、溶剤など油全般。

廃酸
硫酸、塩酸など酸性の廃液をふくむもの。

廃アルカリ
アルカリ性の廃液をふくむもの。

廃プラスチック類
ビニールなどの合成ゴムや樹脂など。

ゴムくず
天然ゴムのくず。

金属くず
鉄、銅線、ブリキ、アルミサッシなど。

ガラス、コンクリート、陶磁器くず
ガラス、石こうボード、レンガ、かわらなど。

鉱さい
溶解炉から出る粉炭（粉状の石炭）かすなど。

がれき類
コンクリート、アスファルトなどの破片。

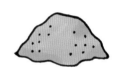

ばいじん
焼却施設などで発生する、大気中のすすなど。

紙くず
製紙業、パルプ製造業などから出る紙くず。

木くず
木材・木製品製造業などから出る木くず。

繊維くず
衣類や繊維製品以外の天然の繊維くず。

動植物性残さ
食料品、医薬品、香料製造業から出る不要物。

動物系固形不要物
処分した獣畜、食鳥処理場で処理した不要物。

動物のふん尿
畜産業で出る動物たちのふん尿。

動物の死体
畜産業で出る牛や馬、ぶた、羊などの死体。

✚ 産業廃棄物を処分するために使ったもの

危険な特別管理産業廃棄物

特別管理産業廃棄物に指定されているのは、おもに、ガソリンのように爆発性のあるもの、アスベストのように人体に有害な成分を発生する毒性のあるもの、そして、病院などで使われた注射器や血のついたガーゼなど、病気の感染性があるもの。これらは事故や病気の発生につながる可能性があり、とても危険です。そのため、ほかの廃棄物とは区別し、厳重に処理されています。

● 特別管理産業廃棄物の種類

廃油

廃酸・廃アルカリ

感染性
産業廃棄物

ほかに、廃水銀や廃PCB（古い蛍光灯や変圧器にふくまれる化学物質）、廃石綿などがある。

使われなくなった自動車はどうなるの？

使える部品は再利用

使われなくなった自動車は、フロン類という環境に有害なガスやエアバッグ類を取り除くと、解体業者によって部品がバラバラにされます。そのまま中古部品になるものもあれば、原材料としてリサイクルされるものもあります。ボディも金属やプラスチックなどの原材料に再生されます。実は自動車は解体された部品のうち、約95パーセントがリサイクルされています。リサイクル費用は自動車を買う際に購入者が支払うことが法律（自動車リサイクル法）で決められているのです。

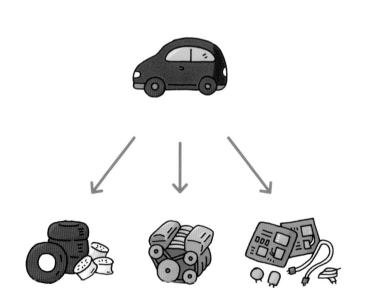

3章

まちでの
取り組みを
見てみよう

まちのごみを減らすために、
どんなことをしているのかな？
地域や学校、店や企業の
取り組みを調べてみよう。

ごみ拾いをスポーツに!!

奉仕活動として行われていたごみ拾い。
今ではみんなで楽しめるスポーツとして広がっているよ!

スポ GOMI

　ごみ拾いにスポーツの要素をプラスしたのが
「スポ GOMI」です。楽しみながらまちをきれ
いにできるだけでなく、地域の人々との交流や
環境への理解を深めることができるため、地域
や学校のイベントとして、日本だけでなく海外
でも開催されています。

ルール

以下の原則のもと、エリアと時間を決め、3〜
5人1組のチームで拾ったごみの量と質を競う。

相手を尊重する

ルールを尊重する

審判を尊重する

●スポ GOMI 開催当日の流れ

開会式・準備運動

ルールの説明を聞いたり、体をほぐした
りする。

作戦タイム

エリアや分別ルールを確認して、役割分
担や落ちている場所の共有などをする。

選手宣誓

かけ声は「ごみ拾いはスポーツだ!」。

結果発表・表彰

重さで順位が決まり、上位のチームが入
賞、表彰される。

集計

チームごとに、拾ったごみの重さを測る。
分別が正しいかもチェックする。

競技

競技時間は60分。拾った量と分別の
正確さが勝負のかぎになる。

服を寄付してパラスポーツを応援

日本は衣類のリユース率が低く、多くがごみとして燃やされているよ。まだ着られるけれどもう着ない服、どうすれば役立てることができるかな？

ふくのわプロジェクト

まち中に設置された「ふくのわボックス」を見たことがありますか？　ここに着なくなった衣類を入れれば、リユース専門業者などに送られ買い取られます。そこで得たお金はパラスポーツ（障害者スポーツ※1）団体に寄付され、服は再び活用されるという、一石二鳥の取り組みです。

● 服が世界に届くまで

マレーシアへ

服を仕分けする

マレーシアの古着工場で種類ごとに仕分けされる。

世界各国

リサイクル

寄付された服を集める

ふくのわボックスや郵送、持ちこみで寄付された衣類は、一部「ふくのわマルシェ」として国内で販売。そのほかはマレーシアの企業が買い取る。

寄付した服のほとんどがリユース、リサイクルされるんだね

インド、パキスタンなど世界15か国に送られ、販売される。

活用できないものはリサイクル工場に送られ、反毛※2素材などに。

※1　障害者が行うスポーツのこと。すでにあるスポーツのルールを一部変えたもののほか、新しくつくられたものもある。
※2　繊維製品を機械でほぐして、紙くずのような繊維にもどすこと。

歯ブラシもリサイクル！

歯ブラシもリサイクルできるって知ってた？　ライオン株式会社とテラサイクル社が手がけるリサイクルプログラムに参加した小学校を紹介するよ。

私立新渡戸文化小学校 新渡戸グッドアクションクラブ

東京都中野区の新渡戸文化小学校では、子どもたちがSDGs※に取り組むクラブ活動を立ち上げ、さまざまな活動を行っています。歯ブラシリサイクルもその活動のひとつです。ポスターをつくって全校児童へ活動を知らせたり、回収ボックスを設置したりするなど、クラブに所属する子どもが考えて、積極的に取り組んでいます。2019年には4か月の間で、約600本もの歯ブラシを回収しました。回収した歯ブラシは、リサイクルプログラムを実施するテラサイクル社に引き取ってもらい、植木ばちなどのプラスチック製品にリサイクルされます。

※人類が地球で暮らしていくために取り組むべきこととして、2015年の国連サミットで採択された17の持続可能な開発目標。

手づくりポスター

歯ブラシ回収の告知だけでなく、なぜ回収するのかまでていねいに説明し、ほかの子どもたちのエコに対する意識を高めている。

回収ボックス

オリジナルの歯ブラシ回収ボックスをつくり、校内の各階に設置。回収状況をチェックする。

仕分け

対象外の歯ブラシ（天然毛のものなど）は取り除く。一定の量が集まったら、集荷を依頼する。

クラスでごみ問題に向き合おう

この小学校は、プラスチックごみや食べものに関するごみなどのごみ問題に、積極的に取り組んでいるんだ。

神奈川県横浜市立日枝小学校

日枝小学校では、毎年さまざまなごみ問題と向き合っています。2020年11月現在は、2年生が生活科の授業で川に生き物を探しに行ったときに、たくさんのごみが流れ着いていたことに疑問をもったことから、川のごみ問題に取り組むこととなりました。

公園のわきを流れる川にたまったごみを拾う2年4組の子どもたち

非常食をむだにしない！

学校などで備蓄されている非常食にも、消費期限があるよ。期限が過ぎてしまうと、ごみとして捨ててしまわなければいけないんだ。

岐阜県土岐市教育委員会
「救給カレーの日」

防災意識を高めるために始まったという「救給カレーの日」。非常食のレトルトカレーを年に1回、給食メニューに取り入れています。この取り組みは防災意識を高めるだけでなく、見落としがちな非常食の消費期限切れを防ぎ、むだなごみを減らすことにも役立っています。

2020年9月3日に、土岐市内の小・中学校で提供された「救給カレーの日」のメニュー。

お祭りのごみを減らそう！

日本の代表的なお祭り、京都市の祇園祭では、世界に先がけてごみを減らす取り組みを行っているよ。その活動は全国のモデルとなっているんだ。

祇園祭ごみゼロ大作戦

お祭りのごみの多くは、店や屋台から出る使い捨て容器。それを元からなくそうと、祇園祭ではリユース食器を使用しています。リユース食器は洗えば、何度も使用できるので、可燃ごみは半減しました。ごみ拾いなどのボランティアも活動し、毎年ごみを減らすことができています。

店や屋台
飲食物は、リユース食器に入れて販売する。

買った人
飲食後は、リユース食器を店またはエコステーションにもどす。

洗浄
回収したリユース食器を洗浄し、主催者が保管して次のイベントで再利用する。

エコステーション
各所に設置され、ボランティアがリユース食器の返却、ごみの分別を案内する。

イベントでごみの分別を案内！

人が集まりごみが出やすい野外イベントで、
「ごみゼロ」を目指し、指南してくれる強い味方！

イベント参加者の
意識を変えようと
しているんだね

NPO iPledge「ごみゼロナビゲーション」

　野外イベントで活動する「ごみゼロナビゲーション」は、ごみを拾わないボランティア集団。ボランティアが清掃するのではなく、イベントに参加するすべての人がごみを出さないようにするしくみづくりを行い、環境にやさしい野外イベントを目指しています。

エコステーション

会場内に設置されたごみ箱の近くで、
資源ごみの分別を呼びかけ、教えてくれる。

ワークショップを行う

参加型の環境対策ワークショップを開く。

オリジナルごみ袋を配る

入場ゲート近くで参加者に
オリジナルごみ袋を配り、環境意識を高める。

ステージからの呼びかけ

ごみ拾いや分別など、参加者ができる
エコアクションを呼びかける。

コーヒー豆が、たい肥に変身！

コーヒーをいれるときに出るコーヒー豆のかす。豆かすはどうやってリサイクルして、何に使われているんだろう？

スターバックスコーヒー ジャパン

スターバックスでは、毎日たくさんのコーヒー豆のかすがごみとして出されますが、その豆かすには、たくさんの栄養がふくまれています。そこで考えられたのが、豆かすを家畜のえさや農産物のたい肥にする方法です。

豆かす入りのえさを食べた牛の乳は、コーヒーに入れるミルクとして使われ、豆かすのたい肥を使ってつくられた野菜は、サンドイッチの具材として使われています。

ほかにも、店内で使うトレイや店内の内装にも利用されるなど、豆かすはスターバックスの中でさまざまなものに生まれ変わっています。

ミルクや野菜が店で使われる

店で、飼料を食べた牛が出すミルクをコーヒーに入れたり、たい肥で育った野菜をサンドイッチに使ったりする。

店舗

豆かすはリサイクル施設へ

店で出たコーヒーの豆かすは、水を切り、カビを防ぐ処理をしたら、リサイクル施設へと運ばれる。

飼料やたい肥に加工

リサイクル施設で飼料やたい肥に加工されたものは、酪農家や農家へと送られ、牛の健康や野菜を育てる土づくりに役立つ。

農場

リサイクル施設

スマホを回収して金属に！

スマートフォンや家電製品にふくまれる金属は貴重な資源だから、家電を販売する企業でも積極的に回収・リサイクルを行っているんだ。

ケーズデンキ
（株式会社ケーズホールディングス）

スマートフォンや携帯電話には金、銀、銅などの貴重な金属が多くふくまれています。また、個人情報の流出を防ぐためにも、使用済み製品の回収を行い、お客さんの目の前でデータを粉さいします。その後も厳重に管理され、リサイクルされたものがメーカーへ届けられます。

スマホをくだく
個人情報を守るため、粉さい機で破壊する。

中間処理
本社で粉さいを確認後、分解、分別を行う。

金属を取り出す
専門業者が金属を取り出し、再利用する。

ペットボトル回収機を利用しよう

使い終わったペットボトルの回収は自治体でも行っているけれど、コンビニエンスストアなどの店頭なら、好きなときに出すことができるね。

セブンイレブン

リサイクルに力を入れているセブンイレブンには、店頭にペットボトルの自動回収機が設置されています。いつでもだれでも利用できるうえ、リサイクルするほどポイントがたまり、お得に買いものができるシステム。これにより、積極的なエコ活動をうながしています。

キャップとラベルを外す

リサイクルへ

回収機にペットボトルを投入する

遊ばなくなったおもちゃがトレイに！

プラスチックごみの削減にいち早く取り組んでいたマクドナルドでは、子どもでも参加しやすいリサイクル活動をしているよ。

日本マクドナルド株式会社

もう遊ばないおもちゃは、ただのごみ？　そんな疑問に答えてくれるのが、マクドナルドのおもちゃリサイクル。使わなくなったハッピーセットのおもちゃを回収する箱が店頭に設置されています。ここに入れられたおもちゃはトレイに生まれ変わって再び店で使われます。

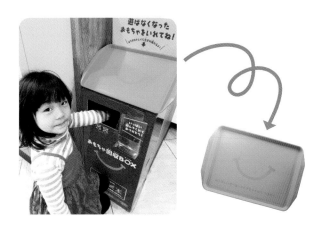

残ったパンを買おう！

パン屋さんでつくられたおいしいパンも、売れ残ったらごみになってしまう。売れ残りのパンを減らす取り組みに参加してみよう。

rebake

「心をこめてつくったパンを捨てたくない」というパン店の思いを形にしたのが、rebake が行う売れ残りパンのインターネット販売です。悪天候などで売れ残りが出たときに買うことができるように、予約ができます。好きな店のパンが食べられるうえに、むだを減らせる取り組みです。

消費者

お気に入りのパン店の売れ残りを、ネット上で予約する。

予約

パン店

宅配

売れ残りのパンが出たら、予約してくれた消費者に発送する。

サルベージ・パーティ®を開いてみよう！

食品のむだを減らすためには、食品を使い切ることが大切なんだ。サルベージ・パーティを開いて、おいしく楽しくむだを防ごう！

買いすぎた加工食品や消費期限ぎりぎりの食品など、使い道に困った食品はありませんか？そんな食品をおいしく変身させ、みんなで食べるのがサルベージ・パーティ（サルパ）です。各家庭から食品を持ち寄り、その場でどんなレシピにするかを考えます。そうすることで、食品の意外な使い道が発見でき、食品のむだを防ぐきっかけになります。

右の「サルパを開くときの注意」をよく読み、友達とサルパを開いてみましょう。

● サルパを開くときの注意

- 賞味・消費期限切れ、調理済みの料理、少しでも使ったものは、衛生面に不安があるため持ってこない。
- 食物アレルギーがある人は事前に伝える。
- 調味料など集まりやすいものは、参加者に持ってこないように伝え、運営する人が用意する。
- 始める前に手洗い、うがいをする。
- 調理器具は肉、魚、野菜で使い分ける。

● レシピを考える4つのヒント

食材の形を変えてみる

例えば、そうめんをめんとしてではなく、細かくくだけば米やあげものの衣として使うことができる。

味の固定概念を捨ててみる

和食の定番料理を、あえて洋風や中華風に味つけしてみることで、新しい味に出合うことができる。

加工食品で味つけしてみる

例えば、1袋しか残っていないレトルトカレーを野菜いためにかけてみれば、味つけに失敗しない。

意外な組み合わせを楽しむ

例えば、ヨーグルトサラダにこんにゃくゼリーを入れると、新しい食感と味を楽しむことができる。

ごみが〇〇〇に大変身！

古くなったものや不要になったものを、形や素材を生かして新たな商品に生まれ変わらせることを「アップサイクル」というよ。

段ボールが財布に変身！

Carton

　段ボールアーティストの島津冬樹さんは、使い終わった段ボールから財布をはじめ、コインケースやバッグを生み出しています。段ボールは、とてもじょうぶなので生活の中でも問題なく使うことができ、プリントされた個性的なデザインもファッションとして生かすことができます。ごみだと思っていたものの見方を変えてみるのも、ごみを減らすきっかけになるかもしれません。

©Carton/Fuyuki Shimazu

ごみだと思って
たのに !!

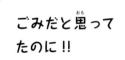

レジ袋でできた
スタンド照明

段ボール箱でできた
ローテーブル（左上）、
ショルダーバッグ（左）

44

廃棄消防ホースがバッグに変身！

UPCYCLE LAB

施設に備えつけられている消防ホースの9割は、一度も使われないまま処分されます。そんな消防ホースを引き取り、職人たちが加工し、生まれ変わらせたのがこのバッグです。身近なファッションアイテムに生まれ変わらせることで、たくさんの人に廃材の活用をすすめています。

仮設テントや工事現場のシートに使うターポリンでできたバッグ

廃棄消防ホースでできたアウトドアチェア

廃棄消防ホースでできたバッグ

学校廃材がインテリアに変身！

tumugu

毎年のように捨てられている学校の備品。そんな学校廃材が思いもよらないインテリアとして生まれ変わります。学校机を使ったローデスクや牛乳びんのかさ立てなどです。今使っている学校の備品もいつかは廃材になりますが、まずはそれらを大切に使うようにしましょう。

学校机でできたテレビボード

タンバリンでできた壁かけ時計

水道のじゃ口でできたウォールハンガー

NDC 518
なぜ？から調べる ごみと環境 全5巻
② まちの中のごみ
監修 森口祐一
学研プラス 2021 48P 29cm
ISBN978-4-05-501345-1 C8351

監修 森口祐一 （もりぐちゆういち）

東京大学大学院工学系研究科都市工学専攻教授。国立環境研究所理事。専門は環境システム学・都市環境工学。京都大学工学部衛生工学科卒業、1982年国立公害研究所総合解析部研究員。国立環境研究所社会環境システム研究領域資源管理研究室長、国立環境研究所循環型社会形成推進・廃棄物研究センター長を経て、現職。主な公職として、日本学術会議連携会員、中央環境審議会臨時委員、日本LCA学会会長。

イラスト／いしやま暁子
キャラクターイラスト／イケウチリリー
原稿執筆／高島直子
装丁・本文デザイン／齋藤綾子
編集協力／株式会社スリーシーズン（大友美雪）
校正／小西奈津子 鈴木進吾 松永もうこ
DTP／株式会社明昌堂

協力・写真提供／アフロ、amanaimages、UPCYCLE LAB、一般社団法人ソーシャルスポーツイニシアチブ、一般社団法人フードサルベージ、NPO ipledge、Carton 島津冬樹、株式会社ケーズホールディングス、京都市環境政策局循環型社会推進部ごみ減量推進課、合同会社クアッガ、産経新聞社、スターバックス コーヒー ジャパン、7＆iホールディングス、地域環境デザイン研究所 ecotone、tumugu（ツムグ）、テラサイクルジャパン合同会社、土岐市学校給食センター、土岐市教育委員会、学校法人新渡戸文化学園 新渡戸文化小学校、日本マクドナルド株式会社、横浜市立日枝小学校、ライオン株式会社

なぜ？から調べる ごみと環境 全5巻
② まちの中のごみ

2021年2月23日 第1刷発行

発行人　代田雪絵
編集人　代田雪絵
企画編集　澄田典子　冨山由夏
発行所　株式会社　学研プラス
　　　　〒141-8415　東京都品川区西五反田2-11-8
印刷所　凸版印刷株式会社

◎この本に関する各種お問い合わせ先

本の内容については、下記サイトのお問い合わせフォームよりお願いします。
https://gakken-plus.co.jp/contact/
在庫については ☎ 03-6431-1197（販売部）
不良品（落丁、乱丁）については ☎ 0570-000577
学研業務センター 〒354-0045 埼玉県入間郡三芳町上富279-1
上記以外のお問い合わせは Tel 0570-056-710（学研グループ総合案内）
© Gakken

学研の書籍・雑誌についての新刊情報・詳細情報は、下記をご覧ください。
学研出版サイト　https://hon.gakken.jp/
学研の調べ学習お役立ちネット　図書館行こ！
https://go-toshokan.gakken.jp

特別堅牢製本図書

なぜ？から調べる

ごみと環境